BEI GRIN MACHT SICH IHR WISSEN BEZAHLT

- Wir veröffentlichen Ihre Hausarbeit, Bachelor- und Masterarbeit

- Ihr eigenes eBook und Buch - weltweit in allen wichtigen Shops

- Verdienen Sie an jedem Verkauf

Jetzt bei www.GRIN.com hochladen und kostenlos publizieren

Bibliografische Information der Deutschen Nationalbibliothek:

Die Deutsche Bibliothek verzeichnet diese Publikation in der Deutschen National-
bibliografie; detaillierte bibliografische Daten sind im Internet über http://dnb.d-
nb.de/ abrufbar.

Impressum:

Copyright © 2001 GRIN Verlag, Open Publishing GmbH
Druck und Bindung: Books on Demand GmbH, Norderstedt Germany
ISBN: 9783638937238

Michael Dorner

Biopolymere. Polymere aus der Natur

GRIN Verlag

REF# 01

BIOPOLYMERE

POLYMERE AUS DER NATUR

VON

MICHAEL G. DORNER

5AWS 2001/02

1. Einführung 4

1.1. Standpunkte zu Biopolymeren 5

1.2. Wissenschaftliche Aspekte 5

1.2.1. Prüfverfahren zur biologischen Abbaubarkeit 6

1.3. Eigenschaften von BAK 6

2. Der Bioabbau 7

2.1. Der Prozess des Bioabbaus 7

2.1.1. Biologischer Abbau 7

2.1.2. Weitere Definitionen 8

2.2. Schlüsselelemente des Bioabbaus 8

3. Nachwachsende Rohstoffe (Biopolymere) 9

3.1. Vorteile beim Einsatz von nachwachsenden Rohstoffen 9

3.2. Nachteile beim Einsatz von nachwachsenden Rohstoffen 9

4. Verschiedene Biopolymere 9

4.1. Polysaccharide 9

4.1.1. Monosaccharide 10

4.1.2. Cellulose 11

4.1.2.1. Herstellung von Cellulose 12

4.1.2.2. Biologischer Abbau von Cellulose 12

4.1.3. Stärke 13

4.1.3.1. Herstellung/Verwendung von Stärke 14

4.1.3.2. Weitere Anwendungen/Arten von Stärke 15

4.1.3.3. Biologische Abbaubarkeit von Stärke/Cellulose (Glucose) 15

4.1.4. Chitin/Chitosan 15

4.1.4.1. Herstellung Chitin/Chitosan 16

4.1.4.2. Abbaubarkeit von Chitin/Chitosan 16

4.1.4.3. Verwendung von Chitin/Chitosan 16

4.1.5. Pullulan 16

4.2. Proteine 17

4.2.1. Polymere tierischen Ursprungs 19

4.2.1.1. Casein Kunststoffe 19

4.2.1.2. Seide 19

4.2.2. Polymere pflanzlichen Ursprungs 20

4.2.3. Polyglutaminsäure 20

4.3. Polyester 21

4.3.1. Polyhydroxyfettsäuren (PHF) 21

4.3.1.1. Herstellung der PHB 21

4.3.1.2. Eigenschaften der PHB 22

4.3.1.3. Biologischer Abbau von PHB 22

4.3.2. Polymilchsäure (Polyactid, PLA) 23

4.3.2.1. Herstellung von PHL 23

4.3.3.   Eigenschaften der PLA 23

4.3.3.1.   Biologischer Abbau von PLA 24

4.4.   Polyisoprene 25

4.4.1.1.   Verarbeitung von Polyisoprenen 25

4.4.1.2.   Verwendung von Polyisoprenen..25

4.4.1.3.   Biologischer Abbau von Polyisoprenen 25

5.   Trends, Ideen und Zukunftsmusik 26

5.1.   Stand der Dinge 26

5.2.   Zukunftsmusik..26

6.   Literaturverzeichnis..27

7.   Abbildungs und Folienverzeichnis..28

8.   Danksagung...28

1. EINFÜHRUNG

In den letzten Jahren haben polymere Werk- und Hilfsstoffe aus nachwachsenden Rohstoffen eine zunehmende Bedeutung auf ausgewählten Anwendungsgebieten erfahren. Die nahe liegenden Vorteile der Schonung petrochemischer Ressourcen und der Verminderung des Abfallaufkommens verbinden sich jedoch immer deutlicher mit eigenschaftsbezogenen Zielstellungen, wie z.B. der Herstellung von biologisch abbaubaren Werkstoffen. [Lit.1]

Definition Biopolymere

Biopolymere sind Kunststoffe basierend auf Rohstoffen aus der Natur. Sie können, müssen aber nicht biologisch abbaubar sein.

Bezüglich der Herstellungs- und Verarbeitungsverfahren spielt darüber hinaus die Reduzierung toxischer oder allergener Einsatz- und Zwischenprodukte als Vorteil gegenüber konventionellen Verfahren eine zunehmende Rolle (z.B. in der Medizintechnik). [Lit.1]

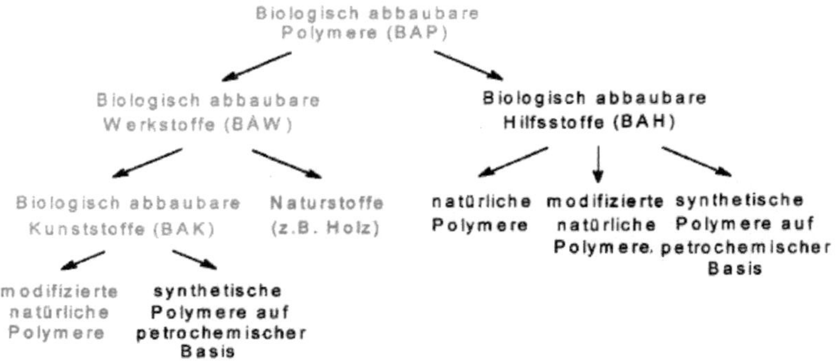

Abb. 1- Systematik der Biologisch abbaubaren Polymere

1.1. STANDPUNKTE ZU BIOPOLYMEREN

Obwohl es bereits verschiedene markteingeführte Produkte gibt und erste Schritte von gesetzgeberischer Seite getan wurden, sind die Standpunkte zu den biologisch abbaubaren Kunststoffen oftmals differenziert. Bei repräsentativen Umfragen konnte ermittelt werden, dass das Wissen um diese neuen Materialien und damit deren Akzeptanz in breiteren Schichten der Bevölkerung noch unzureichend sind.

Erfreulicherweise stehen Jugendliche dem Thema unvoreingenommener gegenüber. Sie und auch andere Befürworter dieser Entwicklung stützen sich auf die folgenden Argumente:

- Verknappung petrochemischer Ressourcen. (Jährliche Steigerungsrate der Produktion abbaubarer Kunststoffe im Zeitraum von 1995 bis 2000 beträgt ~18%)
- Biologisch abbaubare Kunststoffe treten in den normalen geochemischen Kreislauf ein und sind deshalb CO_2-neutral. Sie sind oft aus nachwachsenden Rohstoffen abgeleitet.
- EU- und US-Richtlininen legen bereits die folgende, allgemein akzeptierte Hierarchie zur Kunststoffabfallvermeindung fest, die eine Deponierung als letztmögliche Variante vorsieht:
  1. Verminderung
  2. Wiederverwendung
  3. Recycling/Kompost
  4. Verbrennung
  5. Deponie

1.2. WISSENSCHAFTLICHE ASPEKTE

Auch hier gibt es nicht nur einheitliche Standpunkte, da die wissenschaftliche Bearbeitung dieser Stoffgruppe relativ jung ist und die Ergebnisse auch unter verschiedenen politischen und unternehmensstrategischen Gesichtspunkten betrachtet werden müssen. Die positiven Argumente lassen sich folgendermaßen zusammenfassen:

- Bioabbaubare Kunststoffe verfügen über adäquate Verarbeitungs- und Materialeigenschaften und können deshalb mit den in der Kunststoffverarbeitung üblichen Maschinen verarbeitet werden.
- Sie besitzen eine ausreichende Stabilität während der Lagerung und des Gebrauchs und zerfallen nach Ablauf der Gebrauchsdauer unter entsprechenden Umgebungsbedingungen. Für die Entsorgung bedarf es lediglich der Entwicklung brauchbarer und flächendeckender Entsorgungswege (Kompostierung, Abwasserbehandlung).
- Unter den synthetischen Kunststoffen sind hauptsächlich die aliphatischen Polyester bioabbaubar. Generell gut abbaubar sind Polymere mit einer ausreichenden Verteilung folgender chemischer Gruppierungen:
  1. Acetalbindungen (wie Stärke und Cellulose)
  2. Amidbindungen (wie Peptiden und Proteinen)
  3. Esterbindungen (wie in Polyhydroxyfettsäuren)
- Weiterhin abbaufördernd sind folgende Faktoren:
  1. Niedrige Molmasse
  2. Geringe Kristallinität
  3. Hydrophilie

1.2.1. PRÜFVERFAHREN ZUR BIOLOGISCHEN ABBAUBARKEIT

Die derzeit am häufigsten verwendete Norm zur Prüfung der biologischen Abbaubarkeit von Kunststoffen ist die Vornorm DIN 54 900 erschienen 1998.

1.3. EIGENSCHAFTEN VON BAK

Biologisch abbaubare Kunststoffe (BAK) mit technischer Anwendung gibt es bereits seit einigen Jahren, der erste BAK wurde noch vor 1900 hergestellt.

Folie	Zugfestigkeit (N/mm^2) längs/quer	Reißdehnung (%) längs/quer
Bioabbaubare Kst.:		
PHB/HV	50/98	108/105
PCL	80/22	431/383
PVAL	40/55	217/201
Pullulan	38/34	19/15
LDPE/10% Stärke	17/10	149/324
Konventionelle Kunststoffe:		
LDPE	32/26	139/569
PVC hart	40/55	5/10
PA 6	108/98	450/420
PET	200/200	110/110
OPP	210/170	75/120

Abb. 2 - Zug- und Reißfestigkeit von Folien

Dabei zeigt sich eine Überlegenheit der konventionellen Kunststoffe bezüglich der Zugfestigkeiten an den Beispielen PET und OPP. Andererseits liegen PHB/HV und PCL in diesen Werten noch über denen von LDPE und PVC hart. In der Reißdehnung ist PCL mit PA 6 vergleichbar, und selbst PHB/HV liegt im Bereich der Messwerte für PET.

2. DER BIOABBAU

2.1. DER PROZESS DES BIOABBAUS

Dabei sind extrazelluläre Enzyme verantwortlich für die Reaktionen außerhalb der Zelle. Die Wirkungsweise kann in endo (zufällige Spaltung in der Hauptkette der Polymeren) und exo (Spaltung endständiger Monomereinheiten) eingeteilt werden. Infolge der enzymatischen Wirkung werden genügend kleine Oligomerfragmente gebildet und in die Zelle transportiert, wo sie mineralisiert werden.

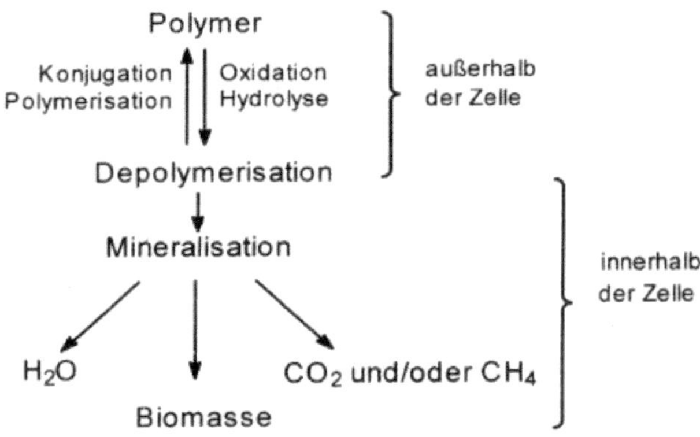

Abb. 3 - Der Bioabbau eines polymeren Materials

Die Zelle gewinnt Energie, und es entstehen gasförmige Produkte (CO_2, CH_4, N_2), Wasser, Salze, Minerale und Biomasse. Insgesamt variieren die Reaktionen und deren Geschwindigkeiten in Abhängigkeit vom Polymer, den Mikroorganismen und den Umgebungsbedingungen. In vielen Fällen ist der 1. Reaktionsschritt reversibel, und es werden Huminstoffe gebildet.

2.1.1. BIOLOGISCHER ABBAU

Da sehr viele Quellen für die Ansicht des „biologischen Abbaus" existieren wurde zusammenfassend folgende Definition daraus abgeleitet:

Definition „Biologischer Abbau"

Bioabbau ist ein durch biologische Aktivität verursachter Vorgang, der unter Veränderung der chemischen Struktur eines Werkstoffes zu natürlich vorkommenden Stoffwechsel-Endprodukten führt. Ein Kunststoff ist bioabbaubar, wenn alle organischen Bestandteile einem vollständigen Bioabbau unterliegen. Die Umgebungsbedingungen und die Geschwindigkeit des Bioabbaus müssen in standardisierten Testverfahren bestimmt werden.

2.1.2. WEITERE DEFINITIONEN

Abbaubarer Kunststoff: Ein Kunststoff, der so entwickelt wurde, dass er eine deutliche Veränderung seiner chemischen Struktur unter spezifischen Umweltbedingungen erfährt, die zu einem Verlust spezifischer Eigenschaften führt.

Bioabbaubarer Kunststoff: Ein abbaubarer Kunststoff, bei dem der Abbau aus der Wirkung von natürlich vorkommenden Mikroorganismen (Bakterien, Pilze, Algen) resultiert.

Bioabbaubar: Eigenschaft eines Produktes, das durch Mikroorganismen in natürliche Bestandteile, wie Wasser und CO_2, gespalten werden kann.

2.2. SCHLÜSSELELEMENTE DES BIOABBAUS

Für den vollständigen Bioabbau eines polymeren Materials sind drei Schlüsselelemente erforderlich. Fehlt eines dieser Elemente, dann findet kein Bioabbau statt. Beispiele dafür sind Proben von Zeitungen oder Lebensmitteln, die nach langjährigen Lagerungen in der Erde oder in Deponien noch fast vollständig erhalten waren.

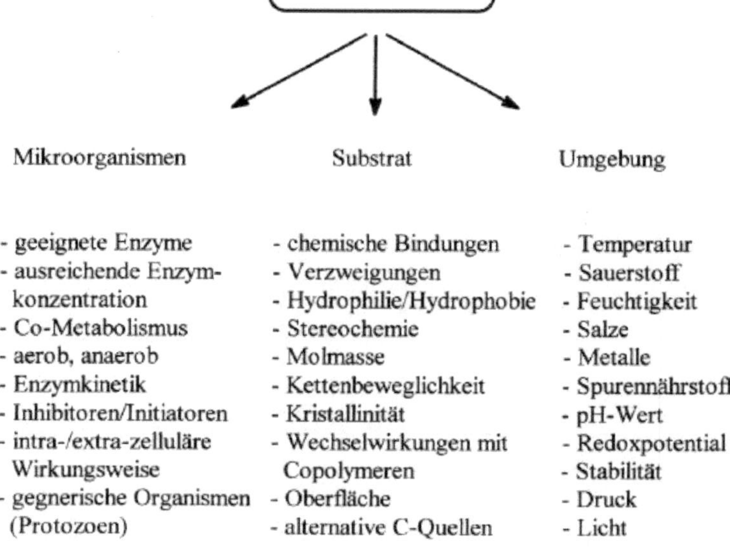

Abb. 4 - Schlüsselelemente des Bioabbaus

3. NACHWACHSENDE ROHSTOFFE (BIOPOLYMERE)

Nachwachsende Rohstoffe sind definitionsgemäß Rohstoffe aus der Natur (land- und forstwirtschafliche Pflanzen), die in größeren Partien entweder zur Verfügung stehen oder angebaut werden können.

Einige Beispiele: Fette, Holz für chemische Grundstoffe, Zellstoffe, Brenn-Stärke, Zucker, pflanzliche Öle und Arzneimittel.

3.1. VORTEILE BEIM EINSATZ VON NACHWACHSENDEN ROHSTOFFEN

- Der Einsatz nachwachsender Rohstoffe gewährleistet eine eng mit den natürlichen Kreisläufen gekoppelte Stoffwirtschaft.
- Die Umwelt wird durch die weitgehende CO_2-Neutralität weniger belastet, und fossile Ressourcen werden geschont.
- Ein gegebenes Wirtschaftssystem erhält die Möglichkeit der Selbstversorgung mit nachwachsenden Rohstoffen.
- Preise für ausgewählte Naturprodukte werden zukünftig fallen, bzw. Forschung und Entwicklung sowohl als auch die Herstellung der Polymere wird von den Staaten nicht nur gefordert sondern auch gefördert.

3.2. NACHTEILE BEIM EINSATZ VON NACHWACHSENDEN ROHSTOFFEN

- Derzeit mechanische Eigenschaften von BAW sind unzureichend
- Die gesamte Agrarproduktion ist noch für den Food- und nicht den Non-Food-Bereich optimiert.
- Kostenintensive und langwierige Forschungen werden noch anstehen, da die Entwicklung der BAW noch in den Kinderschuhen steckt.

4. VERSCHIEDENE BIOPOLYMERE

Grundsätzlich gibt es drei verschiedene Wege biologisch abbaubare Polymere zu bekommen:

- durch Biosynthese (z.B. Stärke, Cellulose)
- durch biotechnische Verfahren (z.B. Polyhydroxyfettsäuren)
- durch chemische Synthese (z.B. Polyamide, Polyester)

4.1. POLYSACCHARIDE

Polysaccharide kommen in der Natur als Reserve- und Gerüstsubstanz vor und bestehen aus polymerisierten monomeren Zuckern. Diese Monosaccharide lineare Polyhydroxy-aldehyde (Aldosen) bzw. -ketone (Ketosen).

Die dabei gebildeten Acetalbindungen werden in sauren Medien hydrolytisch gespalten. Dieser Prozess kann technisch zur Einstellung der Molmasseverteilung genützt werden.

Die wichtigsten u. am weitesten verbreiteten M. sind: D-Glucose, D-Galactose, D-Mannose, D-Fructose, L-Arabinose, D-Xylose, D-Ribose u. 2-Desoxy-D-ribose.

4.1.1. MONOSACCHARIDE

Um die Polysaccharide zu verstehen, benötigt es eine kleine Wanderung durch die Monosaccharide, der Glucose und dessen Entstehung. Saccharide oder Zucker, sind die einfachsten Kohlenhydrate. Mit wachsender Kettenlänge enthalten Zucker eine steigende Anzahl asymetrischer Kohlenstoffatome. Das bedeutet, das bedeutet, diese C-Atome sind optisch aktiv. Aus diesem Grund werden für Kohlenhydrate oft Fischerprojektionen verwendet.

Ein Monosaccharid ist ein Aldehyd oder ein Keton. Der einfachste Zucker ist das 2,3-Dihydroxypropanal (Glycerinaldehyd), eine so genannte Aldotriose. Zucker mit einer Aldehydgruppe bezeichnet man als Aldosen, solche mit einer Ketogruppe als Ketosen. Aufgrund ihrer Kettenlänge teilt man Zucker in Triosen (3 Kohlenstoffatome), Tetrosen (4 Kohlenstoffatome), Pentosen, usw. ein.

Da diese Saccharide fast alle optisch aktiv sind, d.h. entweder D- oder L-Stellung besitzen, kommt es bei einem Ringschluss zu verschiedenen Molekülbildungen. Bei Raumtemperatur fällt die Glucose aus und Bildet Kristalle, die bei 146 °C schmelzen.

Das so entstandene Halbacetal bezeichnet man als Pyranose, dieser Name leitet sich von Pyran, einem sechsgliedrigen cyclischen Ether, ab. Zucker, die als Fünfring vorliegen, nennt man Furanosen nach dem sauerstoffhaltigen Fünfring Furan. Im Gegensatz zur Glucose, die fast ausschließlich in der Pyranoseform vorliegt, findet man bei der Fructose ein Gleichgewichtsgemisch zwischen Fructopyranose und Fructofuranose im Verhältnis 70:30.

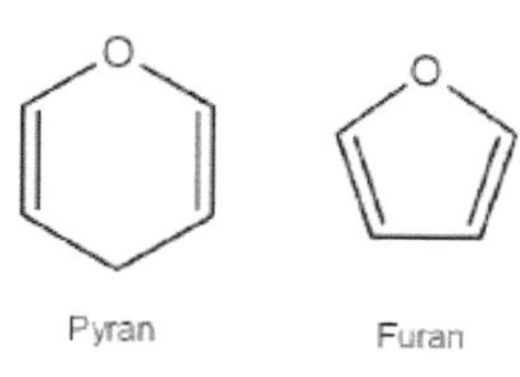

4.1.2. CELLULOSE

Eine der wichtigsten Polysaccharide ist die Cellulose. Sie kommt in der Natur am häufigsten vor (geschätzte Photosynthese im Jahr ~1.3 Mrd. Tonnen).

Die Cellulose ist ein 1,4-verknüpftes Poly-ß-D-glucopyranosid, das aus etwa 3000 Monomereinheiten aufgebaut ist und eine molare Masse von etwa 500 000 g/mol hat. Im Cellulosemolekül sind die Monomereinheiten größtenteils linear angeordnet.

Abb. 5 - ß-D-glucopyranosid (Traubenzucker, Dextrose, Glucose)

Abb. 6 – Cellulose

Cellulose ist in Wasser und den meisten organischen Lösungsmitteln unlöslich. Die einzelnen Cellulosestränge neigen dazu, sich parallel zueinander auszurichten und sind durch eine große Zahl von Wasserstoffbrücken miteinander verbunden.

Röntgenaufnahmen zeigen, dass jede zweite Glucoseeinheit um 180° gedreht ist, und daher eine Wasserstoffbrückenbindung in alle Richtungen erlaubt.

Abb. 7 - Wasserstoffbrückenbindungen zwischen den Cellulosesträngen

Aufgrund dieser vielen Wasserstoffbrücken hat Cellulose eine sehr starre Struktur und dient daher auch als Gerüstsubstanz der pflanzlichen Zellwände.

Fast die gesamte pflanzliche Materie besteht aus Cellulose → Baumwollfasern und Filterpapier z.B. zu 100% - in Holz und Stroh ist sie zu 50% enthalten.

Ein wichtiges Derivat der Cellulose ist die Nitrocellulose die durch Überführung der freien Hydroxygruppen mit Salpetersäure entsteht. Bei hohem Nitratgehalt wird sie explosiv, bei niederem, bildet sich Celluloid welches in der Photo- und Filmindustrie verwendet wurde.

4.1.2.1.   HERSTELLUNG VON CELLULOSE

Während Baumwolle und andere cellulosereiche Fasern (Ramie, Flachs, Hanf) den Cellulosebestandteil relativ leicht freigeben, müssen zur Gewinnung der Cellulose aus Holz, Schilf, Stroh, Bagasse, Stengeln von Mais, Sonnenblumen u.a. (40% Cellulose in der verholzten Pflanzenzellwand) besondere Aufschlussverfahren angewendet werden, um Lignin und die Polyosen abzutrennen.

Für die meisten Anwendungen (z.B.: Papier, Holzplatten, aber auch Polymerwerkstoffe wie FASALEX von Werba/IFA Tulln) reicht es die Fasern mechanisch zu zerkleinern und aufzubereiten.

Ein neues umweltfreundliches Verfahren ist das sogenannte Chemo-thermomechanische Verfahren: Nach der mechanischen Zerkleinerung werden die Holzfasern mit schwefelhaltigen Chemikalien zur Lösung von Harz und Lignin behandelt. Dabei werden 95% des Holzes genutzt. Die Bleichung erfolgt mit H_2O_2, O_2, Ozon u.a.

4.1.2.2.   BIOLOGISCHER ABBAU VON CELLULOSE

Der Bioabbau der Cellulose erfolgt durch den Cellulase-Enzymkomplex. Dabei werden schließlich Cellobiose die durch Cellobiase zu Glucose gebildet.

Abb. 8 - Abbauvorgang von Cellulose

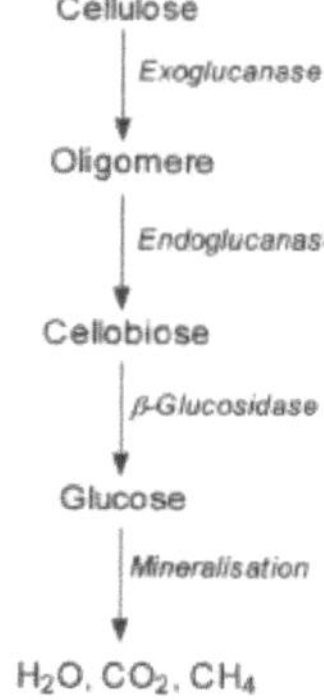

4.1.3. STÄRKE

Stärke zählt zum zweitwichtigsten aus der Natur stammendem Rohstoff für Biopolymere. Anders als bei der Cellulose sind bei der Stärke die Glucose Einheiten a- verknüpft. Die Stärke ist das Reservekohlenhydrat der Pflanzen und lässt sich durch wässrige Säure genau wie Cellulose in Glucose spalten.

Die Hauptstärkequellen sind Kartoffeln, Mais, Weizen, und Reis.

Stärke wird in Form von 5 bis 200 µm großen Körnern gespeichert.

Abb. 9 - Struktur des Amylopektinanteils in der Stärke

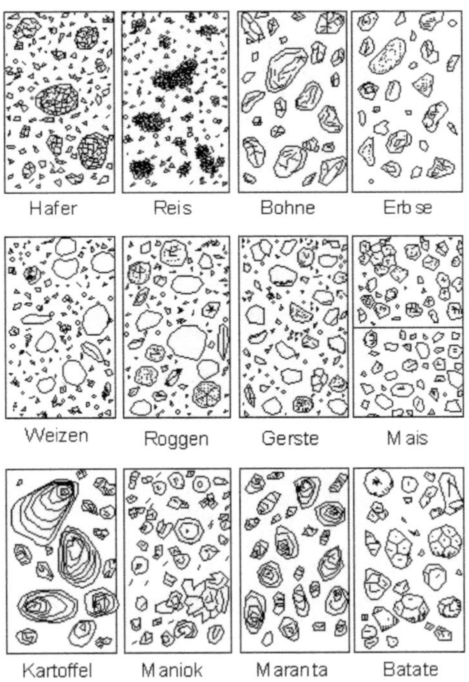

In heißem Wasser quellen die Stärkekörner auf und ermöglichen so die Trennung der Stärke in ihre beiden Hauptbestandteile Amylose (~20%) und Amylopektin (~80%)

Abb. 10 - Amylose

Abb. 11 - Amylopektin

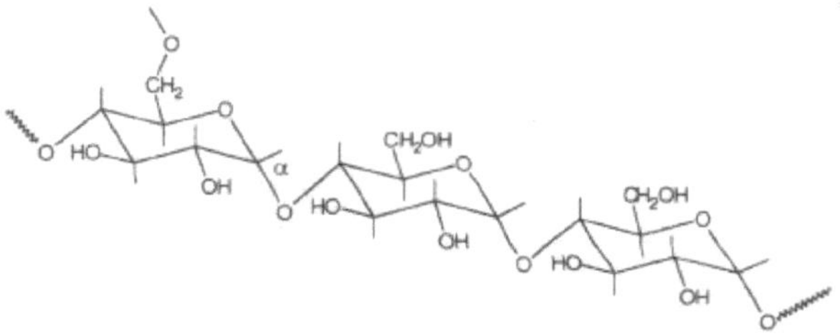

Wie bei der Cellulose bilden auch hier zwei einzelne Glucose Einheiten einen Teil der Kette, nur heißen sie nicht Cellobiose sondern, wegen ihrer a- Form, Maltose. Bei der Biodegradation, entsteht also nach zersetzen der Kette erst das Oligomer, dann die Maltose, und anschließend die Glucose.

Beide Formen (Amylose und Amylopektin) sind in heißem Wasser löslich, die erstere aber schlechter in kaltem Wasser. Die Amylose enthält einige hundert Glucose-Einheiten im Molekül (molare Masse 150 000-600 000 g/mol). Ihre Struktur unterscheidet sich von der Cellulose, auch wenn beide unverzweigt (linear) sind, durch die a- Stellung der Glucose Einheiten. Die Amylose bevorzugt eine spiralförmige Konformation (Helixstruktur).

Im Unterschied zur Amylose ist das löslichere Amylopektin verzweigt, die Verzweigungspunkte liegen hauptsächlich an C6 und treten etwa an jeder zwanzigsten bis fünfundzwanzigsten Glucose-Einheit auf. Die molare Masse des Amylopektins reicht von 200 000 bis über 1 Mio. g/mol.

4.1.3.1.   HERSTELLUNG/VERWENDUNG VON STÄRKE

Eine plastische Extrusion von wasserhaltiger Stärke ist bis kurz vor der Zersetzung möglich (200°C, hoher Druck). Dabei wird die Kornstruktur zerstört (plastifizierung). Im einfachsten Fall wird mit 5 bis 30% Wasser modifizierte Kartoffel- oder Maisstärke verwendet, die auf den üblichen Kunststoffverarbeitungsmaschinen verarbeitet werden kann.

Folgende Herstellung kann selber durchgeführt werden:

Geräte:
2 Bechergläser (mindestens 400 ml), Kartoffel-Reibe aus der Küche, Leinen (z. B. Geschirrtuch).

Chemikalien,   Material:
Kartoffel (etwa 100 g).

Durchführung:
Die Kartoffel wird geschält und zu einem Brei zerrieben, der im Becherglas mit 150 ml Leitungswasser unter Rühren aufgeschlämmt wird. Die Masse wird durch ein Leinentuch gepreßt. Der Rückstand im Tuch wird zur Erhöhung der Ausbeute noch zweimal in je 100 ml Leitungswasser aufgeschlämmt und wie eben beschrieben behandelt. Danach wird er verworfen.

Die Stärkesuspension trennt sich im Becherglas innerhalb weniger Minuten. Der überstehende Kartoffelpreßsaft wird vorsichtig abdekantiert. Die am Glasboden zurückbleibende Stärke wird noch einmal mit etwa 100 ml Wasser gewaschen. Nach dem Absetzen der Stärke wird erneut abdekantiert.

Die Stärke kann getrocknet oder noch feucht weiterverarbeitet werden.

4.1.3.2. WEITERE ANWENDUNGEN/ARTEN VON STÄRKE

Stärke eignet sich ebenfalls um Derivate davon herzustellen. Wichtige Stärkederivate sind Stärkeacetat, Stärkecitrat, Stärkenitrat (alles Ester), u.a.

4.1.3.3. BIOLOGISCHE ABBAUBARKEIT VON STÄRKE/CELLULOSE (GLUCOSE)

Nach Aufspaltung des Glucoseringes können folgende Zersetzungsmöglichkeiten auftreten:

Abb. 12 - Abbau von Glycose

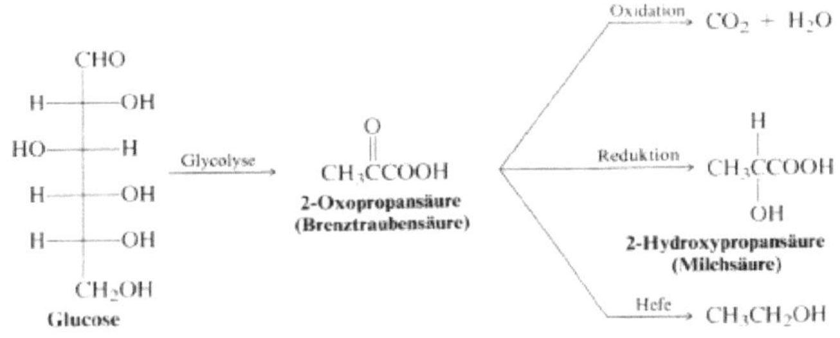

4.1.4. CHITIN/CHITOSAN

Chitin ist ein tierisches Polymer (auffindbar in den Panzern von Krebsen und Hummern) und besteht aus einem isolierbarem aminozuckerhaltigem Polysaccharid.

Abb. 13 - Beispiel für ein Aminozucker - Glucosamin

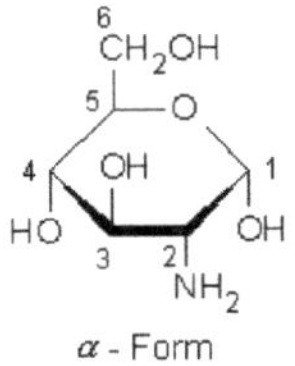

Es besteht aus ß-1,4-glycosidisch verknüpften N-Acetyl-D-glucos-amin-Resten.

Abb. 14 - Chitin

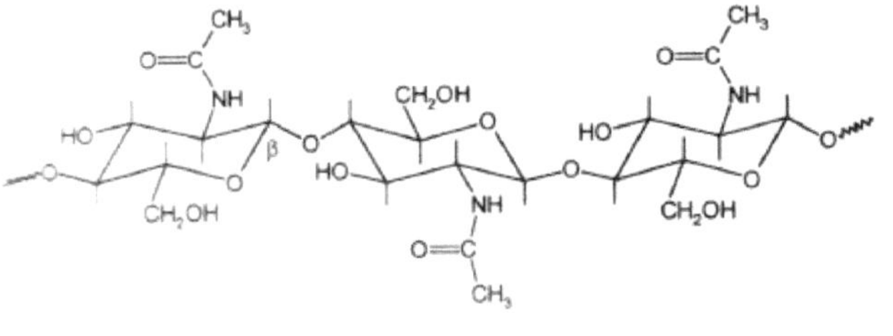

Die Molmasse beträgt etwa 400 000 bis 2,5 $\cdot 10^6$ g/mol. In Wasser, organischen Lösungen und verdünnten Laugen bzw. Säuren ist Chitin unlöslich. Starke Säuren spalten Chitin in D-Glucosamin (Chitosamin) und Essigsäure; bei Zerlegung durch Alkalien entstehen Acetate und das schwach basische desacetylierte und teilweise depolymerisierte, kristallisierbare Chitosan.

Abb. 15 - Chitosan

4.1.4.1.   HERSTELLUNG CHITIN/CHITOSAN

Roh-Chitin erhält man aus Krabbenschalen unter relativ kostengünstigen Bedingungen. Das Ausgangsmaterial wird mit 12 n Salzsäure bei einer Temperatur zwischen 20 bis 30 °C entmineralisiert. Nach einem Waschvorgang werden die Proteine mit heißer Natronlauge entfernt. Bei geeigneter Reaktionsführung erfolgt hierbei auch die Deacetylierung zu dem meist als Endprodukt erwünschten Chitosan. Dabei kann eine mehr oder weniger starke Depolymerisation eintreten.

4.1.4.2.   ABBAUBARKEIT VON CHITIN/CHITOSAN

Bei natürlichen Bedinungen erfolgt die Depolymerisation von Chitin durch die Enzyme Chitinase und Lysozyme und die Depolymerisation von Chitosan durch Chitosanase.

4.1.4.3.   VERWENDUNG VON CHITIN/CHITOSAN

Beide Polymere weisen als Film oder Faser sehr gute mechanische Eigenschaften und geringe Sauerstoffpermeabilität auf. In der Medizin werden sie als Wundverbände bzw. chirurgisches Nahtmaterial verwendet.

4.1.5. PULLULAN

Pullulan kommt in der Natur vor, und wird durch Bakterien (durch Aureobasidium pullalans extracellulär gebildetes a-D-Glucan) hergestellt und besteht aus a-1,6-glycosidisch verknüpften D-Maltotriose-Einheiten.

Abb. 16 - Pullulan

Pullalanfilme können aus wässriger Lösung gegossen werden und bilden eine sehr gute Sauerstoffsperrschicht. Deshalb werden diese vorwiegend als Beschichtung für Nahrungsmittel eingesetzt. Durch Zugabe eines Weichmachers (niedermolekulare Alkandiole, oder –triole wie z.B. Glycerin) wird Pullalan spritzgussfähig.

Pullalan ist wasserlöslich und wird durch verschiedene Enzyme in Glucose gespalten.

4.2. PROTEINE

Proteine sind Aminosäuren, verknüpft durch Peptidbindungen. Es gibt etwa 140 verschiedene in der Natur vorkommende Aminosäuren, davon sind 25 proteinogen (a-Aminosäuren).

Proteine bilden außerdem die Grundsteine des Lebens, der DNA und obwohl in es über fünfhundert natürlich vorkommende Aminosäuren gibt, bestehen die Proteine der Organismen, von den Bakterien bis zum Menschen, zum überwiegenden Teil aus zwanzig verschiedenen Aminosäuren.

Der erwachsene Mensch kann acht von diesen nicht selber herstellen. Diese sind die sogenannten essentiellen Aminosäuren und müssen per Nahrung eingenommen werden. (siehe Abb.: wichtigste natürlich vorkommende Aminosäuren)

Abb. 17 - Protein

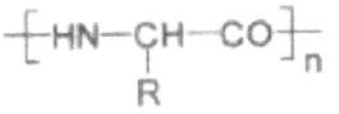

$$\left[HN-\underset{R}{CH}-CO \right]_n$$

Aminosäuren sind Carbonsäuren, die eine Aminogruppe enthalten. Die in der Natur vorkommenden a-Aminosäuren haben die Aminogruppe an der Stelle 2- bzw. a.

Abb. 18 - Beispiel für eine a-Aminosäure

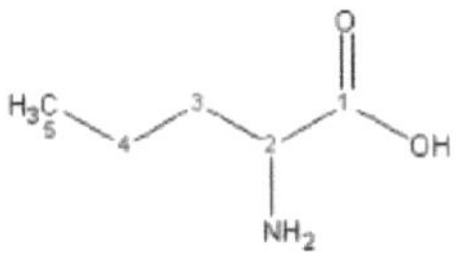

Bei einem Polymerisationsgrad von 1000 ergeben sich theoretisch 10^{75} verschiedene Anordnungsmöglichkeiten der Aminosäuren, verglichen dazu: Die Weltmeere bestelhen aus 10^{46} H$_2$O Molekülen, und eine DNA Kette besteht aus tausenden Monomeren.

R	Name	Drei-Buch-staben-Code	pK_s der COOH-Gruppe	pK_s der NH_3-Gruppe	pK_s der sauren Funktion im R
$-H$	Glycin	Gly	2.4	9.8	-
Aminosäuren ohne polare Gruppen:					
$-CH_3$	Alanin	Ala	2.4	9.9	-
$-CH(CH_3)_2$	Valin[a]	Val	2.3	9.7	-
$-CH_2CH(CH_3)_2$	Leucin[a]	Leu	2.3	9.7	-
$-CHCH_2CH_3$ (S), CH_3	Isoleucin[a]	Ile	2.3	9.7	-
$-CH_2C_6H_5$	Phenylalanin[a]	Phe	2.6	9.2	-
Prolin-Struktur (COOH[b], HN—H, CH_2)	Prolin	Pro	2.0	10.6	-
Aminosäuren mit Hydroxygruppen:					
$-CH_2OH$	Serin	Ser	2.2	9.4	-
$-CHOH$ (R), CH_3	Threonin[a]	Thr	2.1	9.1	-
$-CH_2-C_6H_4-OH$	Tyrosin	Tyr	2.2	9.1	10.1
Aminosäuren mit weiteren Aminogruppen:					
$-CH_2CNH_2$ (=O)	Aspargin	Asn	2.0	8.8	-
$-CH_2CH_2CNH_2$ (=O)	Glutamin	Gln	2.2	9.1	-
$-(CH_2)_4NH_2$	Lysin[a]	Lys	2.2	9.2	10.8
$-(CH_2)_3NHCNH_2$ (=NH)	Arginin	Arg	1.8	9.0	13.2[c]
$-CH_2-$ (Indol-Struktur)	Tryptophan[a]	Trp	2.4	9.4	-
$-H_2C-$ (Imidazol-Struktur, NH, N)	Histidin	His	1.8	9.2	6.1[c]
Aminosäuren mit Mercapto- oder Sulfidgruppen:					
$-CH_2SH$	Cystein[d]	Cys	1.9	10.3	8.4
$-CH_2CH_2SCH_3$	Methionin[a]	Met	2.2	9.3	-
Aminosäuren mit Carboxygruppen:					
$-CH_2COOH$	Asparaginsäure	Asp	2.0	10.0	3.9
$-CH_2CH_2COOH$	Glutamonsäure	Glu	2.1	10.0	4.3

[a] essentielle Aminosäuren. [b] vollständige Formel. [c] pK_s der konjugierten Säure. [d] Das Stereozentrum hat R-Konfiguration, weil der CH_2SH-Substituent eine höhere Priorität als die COOH-Gruppe hat.

Einteilung der Proteine:

Globulärproteine: (wasserlöslich), $M = 10^3$ bis 10^6 g/mol, z.B.: Insulin 5 700, Hämoglobin 65 000, Urease 48 000

Fibrillärproteine: (hauptsächlich unlöslich), z.B.: Kollagen (Bindegewebe, Hauteiweiß, Knochen, Knorpel), Keratine (Haare, Nägel), Seidenfibroin.

4.2.1. POLYMERE TIERISCHEN URSPRUNGS

Im allgemeinen sind die folgenden Produkte schlechter biologisch abbaubar als die polysaccharidischen Verbindungen. Das hängt unter anderem an den Wasserstoffbrückenbindungen sowie vorhandene oder gezielt herbeigeführte Vernetzungen zwischen den Proteinketten.

4.2.1.1.   CASEIN KUNSTSTOFFE

Casein-Kunststoffe werden aus Casein hergestellt, welches der wichtigste Eiweisbestandteil der Milch ist. Es ist in Wasser unlöslich und in Alkalien löslich. Bei Hydrolyse von a-Casein (M=24 800-27 600 g/mol) entstehen die folgenden Aminosäuren mit beispielsweise angegebenen Prozentgehalten:

3,1%	Alanin	2,1%	Glycin
7%	Asparaginsäure	6,1%	Tyrosin
0,3%	Cystein	8,4%	Asparagin
23,4%	Glutaminsäure	4,9%	Arginin
3%	Histidin	8,2%	Lysin
5,7%	Isoleucin	3%	Methionin
10,5%	Leucin	5,1%	Phenylalanin
12%	Prolin	5,5%	Serin
4,4%	Thereonin	1,5%	Tryptophan
7%	Valin		

Kunststoffe werden durch Einwirkung von Formaldehyd auf plastifiziertes Casein erhalten. Die Härtung erfolgt dabei durch Vernetzung zweier benachbarter Proteinketten an Amid-Stickstoff-Atomen über CH_2-Brücken und unter Wasseraustritt. Da sie Trocknung mehrere Wochen dauert, ist dieses Verfahren allerdings unrentabel.

4.2.1.2.   SEIDE

Das die Substanz des Naturseidefadens (Kokonfaden des Seidenspinners) bildende Fibroin besteht aus linearen Peptidketten, die zu ca. 83% aus den Aminosäuren Glycin (44%), Alanin (26%) und Tyrosin (13%) aufgebaut sind. Die Struktur bildet sich hauptsächlich aus dem Hexapeptid Ser-Gly-Ala-Gly-Ala-Gly.

Die Proteinketten nehmen hier eine Faltblattstruktur auf, in der die Ebenen der Peptidgruppen einen Winkel miteinander bilden und das a-ständige, die Seitenketten tragende C-Atom gleichzeitig zwei verschiedenen Ebenen angehört. Die Seitenketten ragen nahezu senkrecht und zwar alternierend, heraus.

Abb. 19 - Beispiel Proteinstruktur (Faltblatt)

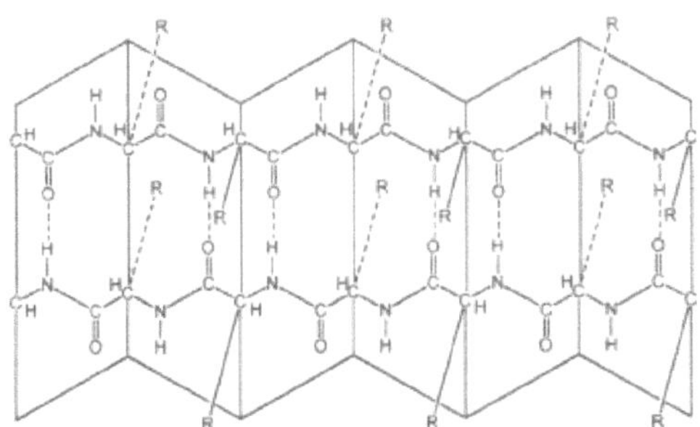

Eine Modifizerung der Seidenfasern an der Oberfläche ist möglich (Festigkeit, Anfärbbarkeit u.a.). Die technische Umsetzungen können infolge des Heterosystems (Seite: fest, Reaktionsmedium: flüssig) relativ einfach ausgeführt werden. Das Potential in künftigen Anwendungen besteht in Fasern und Kompositen mit sehr guten mechanischen Eigenschaften.

4.2.2. POLYMERE PFLANZLICHEN URSPRUNGS

Pflanzliche Proteine sind wichtige Speicherstoffe von Hülsenfrüchten und Ölsaaten. Pflanzliche Proteine weisen aufgrund ihrer gezielten beeinflusbaren funktionellen Eigenschaften ein Einsatpotential auch ausserhalb des Lebensmittelbereiches auf. Neben der Papier- und Klebstoffindustrie sind vor allem Anwendungen im Kunststoffbereich von Beeutung.

Dazu zählen Proteine als funktionelle Füllstoffe in Polymerblends oder als Zusatz in Kautschukmischungen. Aus Untersuchungen an Rapsproteinen wird ersichtlich, dass unter Spritzgussbedingungen bereits bei 70 bis 90 °C Proteinnetzwerke infolge Denaturierung globulärer Proteine entstehen. Verarbeitet man Getreidemehle, die Stärke unt Proteine enthalten, dann resultieren Compounds, die durch diese und andere chemische Prozesse bräunlich verfärbt sind.

4.2.3. POLYGLUTAMINSÄURE

Polyglutaminsäure ist eine Bezeichnung für Polypeptide, die aus Glutaminsäureresten aufgebaut sind. Diese werden z.b. von Milzbrandbakterien extrazellulär produziert und fungieren als Schutzhülle. Bezüglich seiner Anwendung ist dieses Biopolymer als Dickungsmittel, zur Regulation des Feuchtigkeitsgehaltes, als bioabbaubares Depot-Präparat für Lebensmittel, in Kosmetika und für pharmazeutische Produkte von Interesse.

Abb. 20 - Glutaminsäure (alpha-Aminsäure)

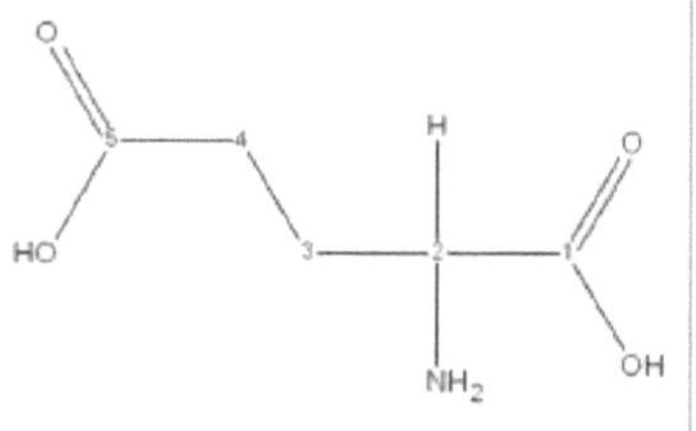

Abb. 21 - Polyglutaminsäure

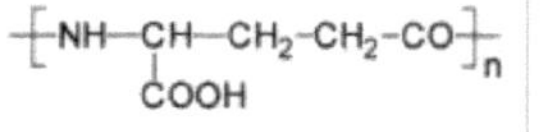

4.3. POLYESTER

4.3.1. POLYHYDROXYFETTSÄUREN (PHF)

Polyhydroxyfettsäuren (PHF) bzw. Polyhydroxyalkanoate sind bakteriell erzeugte aliphatische Homo- oder Co-polymere von ß-Hydroxycarbonsäuren (hauptsächlich Hydroxybutter- (HB) und Hydroxyvaleriansäure (HV)), die im Bakterium Alkcaligenes eutrophus als Reservestoff bebildet werden.

Abb. 22 - ß-Hydroxybuttersäure

$$H_3C - CH(OH) - CH_2 - C(=O)(OH)$$

Abb. 23 - PHB (Poly-ß-Hydroxybuttersre.)

$$[O - CH(CH_3) - CH_2 - CO]_n$$

4.3.1.1. HERSTELLUNG DER PHB

Der Fermentationsprozess läuft in Reaktoren bis zu 200 m³ Volumen ab, wobei pro Liter Flüssigkeit eine Zelldichte um 100 g Trockenmasse erreicht wird. Dabei können bis zu 96% der Trockenmasse aus Polhydroxybutyrat bestehen. Der Ansatz erfolgt meistens in einer Glucose-Salz-Mischung. Jedoch sind auch verschiedene andere C-Quellen nutzbar.

Dabei werden kohlenhydrathaltige Stoffe, wie sie in landwirtschaftlichen Nebenprodukten zu finden sind (Melasse), Raffinate aus der Verarbeitung von Zuckerrüben und Getreide oder Lactose aus Molke verwendet.

Copolymere (z.B. mit Hydroxyvaleriansäure) werden nach Zugabe der entsprechenden Carbonsäure gebildet.

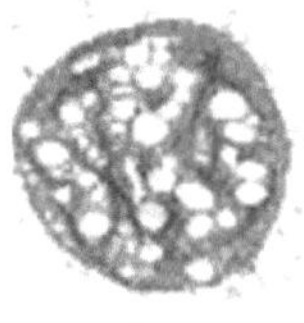
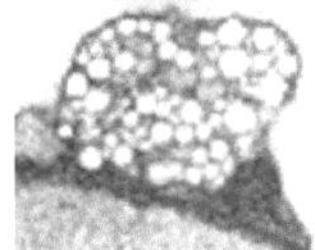

Abb. 24 - PHB "Brutzelle"

Eine weitere möglichkeit zur Herstellung von PHB sind gentechnisch veränderte Kartoffeln. Sie sollen nicht nur gleichzeitig „Maßgeschneiderte" Stärke für die Papierindustrie (und Kunststoffindustrie) liefern sondern auch direkt Kunststoff „herstellen".

Die Polyhydroxybutansäure kann in gentechnisch veränderten Pflanzenzellen produziert werden. Im Schnitt sieht man als weiße Flecken die im Zellinneren abgelagerten PHB-Körnchen

4.3.1.2.   EIGENSCHAFTEN DER PHB

In den mechanischen Eigenschaften sind die Polyhydroxyalkanoate vergleichbar mit Polyolefinen. Die Barriereeigenschaften entsprechen etwa denen von PET. Sie sind wasser- und ölbeständig, hydrolysieren jedoch in bestimmten Basen oder Säuren schnell. Sie weisen entsprcechend ihrer Kristallinität Schmelzpunkte in Abhängigkeit von der Zusammensetzung auf (abnehmende Kristallinität und damit zunehmende Flexibilität mit zunehmendem Gehalt an Hydroxyvaleriansäure).

Abb. 25 - Vergleich der Eigenschaften von PP und PHB

Parameter	PP	PHB
Schmelzpunkt (°C)	160-168	136-162
Glasübergangstemperatur (C°)	-15	5-10
Kristallinität (%)	65-70	65-80
Dichte (g/cm³)	0,905-0,94	1,23-1,25
M (x 10^5 g/mol)	2,2-7,0	1-8
E-Modul (GPa)	1,7	3,5-4
Zugfestigkeit (MPa)	25-35	20-31
Bruchdehnung (%)	400-900	8-42
UV-Beständigkeit	Schlecht	Gut
Lösungsmittelbeständigkeit	Gut	Schlecht
Sauerstoffpermeabilität (m³/m³ atm d)	1700	45
Bioabbau	-	+

4.3.1.3.   BIOLOGISCHER ABBAU VON PHB

Ein Gewichtsverlust von 90% ist bereits innerhalb von 12 Wochen in Abwassersystemen zu verzeichnen, bzw. in Klärschlamm 83 bis 96% in 16 tagen. Unter Kompostierbedingungen werden sogar 2 mm dicke Formteile innerhalb von 10 bis 8 Wochen vollständig abgebaut.

Der Abbau erfolgt durch Poly(3-hydroxy-butyratdepolymerase) in die entsprechenden Säuren. In Kompositen mit Polysacchariden wird eine Beschleunigung des Abbaus festgestellt.

Abb. 26 - Hydrolytischer enzymatischer Abbau von PHB

4.3.2. POLYMILCHSÄURE (POLYACTID, PLA)

Polymilchsäure bzw. Polyactid (PLA) ist ein thermoplastischer, linearer aliphatischer Polyester, der 1912 zum ersten mal synthetisiert und 1932 von W. H. CAROTHERS genauer beschrieben wurde. Seit etwa 1950 werden Untersuchungen für die industrielle Nutzung vorwiegend für medizinischer Anwendungen durchgeführt.

Abb. 27 – Poly-a-milchsäure

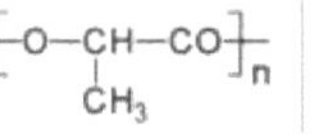

$$\left[\text{O} - \underset{\underset{\text{CH}_3}{|}}{\text{CH}} - \text{CO}\right]_n$$

4.3.2.1. HERSTELLUNG VON PHL

L-Milchsäure kommt natürlich vor, D-Milchsäure kann fermentativ oder chemisch hergestellt werden. Bei der klassisch durchgeführten Polymerisation der Milchsäure werden jedoch nur geringe Molmassen von 2 000 bis 5 000 g/mol erhalten, so dass die Produkte schlechte mechanische Eigenschaften aufweisen. Deshalb erzeugt man Polylactid technisch u.a. durch katalytische Ringöffnungspolymerisation von Lactid (3,6-Dimethyl-1,4-dioxan-2,5-dion = Dilacton der Milchsäure) mit Lewis-Säuren. Dabei werden Polymerisationsgrade von 700 bis 15 000 erhalten.

Abb. 28 - Polymerisation von Milchsäure über Lactid zu PLA

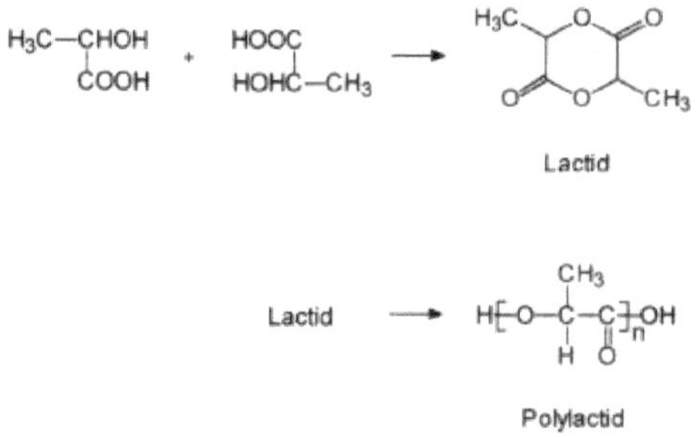

Lactid

Polylactid

Unterwirft man Gemische verschiedener cyclischer Ester (Glycolid, Lactid, Dioxanon, Trimethylencarbonat) einer Polymerisation, dann erhält man die entsprechenden Copolymere. Durch Variation der Polymerisationsbedingungen können somit Produkte mit sehr unterschiedlichen Eigenschaften hergestellt werden. Dabei ist jedoch eine hohe Reinheit der Monomeren erforderlich, wodurch die bisher hohen Herstellungskosten verursacht wurden.

4.3.3. EIGENSCHAFTEN DER PLA

PLA sind kristallin, währen Copolymere der D,L-Milchsäure amorphe Eigenschaften aufweisen. Die Kristallinität kann durch das Tempern der hergestellten Formkörper erhöht werden. Mechanische Eigenschaften im Vergleich mit anderen Thermoplasten sind in Abb.29 zusammengefasst.

Abb. 29 – Vergleich mechanischer Eigenschaften

Polymer	Zugfestigkeit	E-Modul (MPa)
Poly(L-lactid)	70	4
Poly(L,D-lactid)	50	3
Polydioxanon	30	0,2
PHB/PHV	40	4
Polymethyacrylat	80	3
Polyethylen	30	1
PA 6.6	50	2

4.3.3.1.   BIOLOGISCHER ABBAU VON PLA

Der Abbau erfolgt im Anfangsstadium und außerhalb lebender Organismen unter Abnahme der Molmasse, rein hydrolytisch. In Organismen gewinnen in der Endphase auch anderer Abbaumechanismen an Bedeutung. Die pH-Abhängigkeit des Abbaus bei Polymeren auf der Basis von Milchsäure ist im sauren Bereich (pH < 1,5) gering. Im alkalischen Bereich (pH > 7,5) erfolgt im Gegensatz zu den meisten anderen biologisch abbaubaren Kunststoffen eine schnelle Hydrolyse.

Im menschlichen Organismus verläuft der Abbau schneller als unter Kompostierbedingungen. Die für den Bioabbau verantwortlichen Enzyme sind: Pronase, Proteinase K, Bromelain, Ficin, Esterase und Trypsin.

Abb. 30 - Abbaugeschwindigkeit im Organismus

Polymer	Abbauzeit im Körper (Monate)
Poly(L-lactid)	18-24
Poly(D,L-lactid)	12-16
Polyglycolid	2-4
Poly(D,L-lactid-co-glycolid) 50:50	2
Poly(D,L-lactid-co-glycolid) 85:15	5

Die Endprodukte sind wie bei den meisten anderen Biopolymeren CO_2, H_2O und Biomasse.

Abb. 31 - Metabolismus der Spaltprodukte

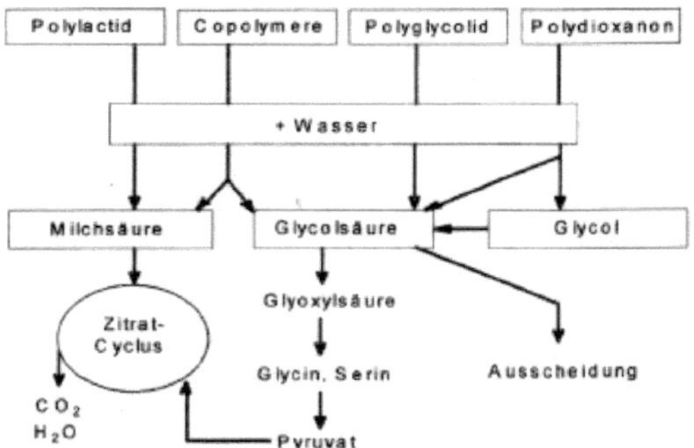

4.4. POLYISOPRENE

Polyisoprene ist eine Sammelbezeichnung für Polymere mit Kautschuk-Eigenschaften. Im Naturkautschuk findet man als Hauptbestandteil das cis-1,4-Polyisopren.

Abb. 32 - Polyisopren

$$\left[CH_2-\underset{\underset{CH_3}{|}}{C}=CH-CH_2 \right]_n$$

Naturkautschuk wird auf den Plantagen Südostasiens aus der Rinde des Parakautschukbaumes als 30 bis 50%ige wässrige Emulsion gewonnen.

4.4.1.1.   VERARBEITUNG VON POLYISOPRENEN

Der ursprüngliche Polymerisationsgrad von P = 20 000 ist für die Einarbeitung der Füllstoffe und Hilfsmittel zu hock. Deshalb erfolgt eine Plastifizierung auf Walzen und Knetern bei mehr als 75 °C. Dabei werden die Polymerketten unter Reaktion mit Luftsauerstoff mechanochemisch abgebaut.

Anschließend können bis zu 50% an Füllstoffen und Hilfsmitteln (Ruß, Weichmacher, Vulkanisationsbeschleuniger) sowie schwefelhaltigen Vulkanisationsmitteln eingearbeitet werden. Die Vulkanisation erfolgt dann bei 150 bis 180 °C. Dabei vernetzen die Polymerketten über die olefinischen Doppelbindungen unter Ausbildung von Schwefelbrücken.

4.4.1.2.   VERWENDUNG VON POLYISOPRENEN

Als Weichgummi (2% Schwefel) oder Hartgummi (15-30% Schwefel) sowie als Rohstoff für weitere chemische Reaktionen (Folien, Lacke).

4.4.1.3.   BIOLOGISCHER ABBAU VON POLYISOPRENEN

Der Bioabbau von cis-1,4-Polyisopren erfolgt durch Penicilin-Pilze und actinomycete Nocardia Spezies (Abb.33). Es bestehen weitere Enzyme und Bakterien für andere Arten von Polyisprenen.

Abb. 33 - Enzymatische Depolymerisation von Naturkautschuk

Polyisoprene sind aufgrund ihrer herausragenden Eigenschaften im Verschnitt mit Synthesekautschuken weiterhin unverzichtbar für die Gummiproduktion.

5. TRENDS, IDEEN UND ZUKUNFTSMUSIK

5.1. STAND DER DINGE

Die ersten biologisch abbaubaren Polymere, zudem noch aus Naturstoffen bestehend, wurden bereits vor 1900 synthetisiert. Dennoch ist uns die Natur um einige Millionen Jahre voraus, und hat daher die Erfahrung, die wir durch mühsames analysieren, manchmal auch rätseln erlernen müssen.

Die in der Natur vorkommenden Polymere sind exakt auf ihre „Verbraucher" bzw. Verwender zugeschnitten, so besitzt das Chitin, welches in Krebs und Krabbenartigen Tierhüllen vorkommt, eine gewisse Härte, ist so gut wie unlöslich, aber besitzt doch eine gewisse Flexibilität. Uns ist es bisher noch nicht gelungen all diese Eigenschaften in einen Polymeren Werkstoff zu packen.

Ein anderes Beispiel ist Baumwolle, basierend auf Cellulose welche ebenfalls schlecht löslich ist, vor allem in Wasser, sonst würde der Baumwollpullover sehr schnell verschwinden. Unter Hitze kann man jedoch die einzelnen Strukturen „glätten" und bessere Oberflächen erzielen, welches sich auch beim bügeln zeigt.

Eines der noch (immer) ungelösten Rätsel sind Spinnfäden. Diese Polyamide werden in einer wässrigen Lösung hergestellt, (im Körper der Spinne) besitzen anfangs eine klebrige Hülle, und sind nach kurzer Zeit fest und nicht mehr in Wasser löslich. Abgesehen davon, dass wir oft toxische Reaktionsmittel brauchen die teuer und biologisch nicht gerade freundlich sind, gibt es keine Polymerisation die wir im Wasser als Reagenz durchführen können.

Das wohl größte Wunder ist jedoch die DNA und RNA. Sie bildet den Grundstein allen Lebens und besteht aus riesigen, komplexen Polymeren, bestehend aus verschiedenen Monomeren, ganz individuell aneinandergereiht. Gäbe es von jedem möglichen Protein-Molekül nur ein Exemplar und würden nur Molekül-Größen entsprechend 150 AS-Einheiten betrachtet, so ergäbe sich bei 20 verschiedenen AS die unvorstellbar große Zahl von 20^{150} (eine Zahl mit 195 Stellen) unterschiedlicher Moleküle, die unser Weltall etwa 10^{90}-mal auffüllen könnten. Die Auswahl aus dieser Fülle treffen die Lebewesen nach Maßgabe der genetischen Information.

5.2. ZUKUNFTSMUSIK

Die Ideen der Chemiker oder ihre fast wahnsinnigen Vorstellen reichen bis zu gentechnisch Manipulierten bzw. „erstellten" Pflanzen oder Tieren, welche „programmierbare" Polymere in sich züchten, d.h. Polymere mit definierter DNA. Ein Kunststoff mit eigener genetischer Information.

Weiters sind Forscher auf eine genial Entdeckung gestoßen: bestimmte Proteine, sind in der Lage, durch Lichtsignale ihre Form zu verändern, die Stellung ihrer Atome, und dass in adäquater Geschwindigkeit zu heutigen Prozessoren. Forschungen gehen jetzt in die Richtung, diese superkleinen „Transistoren" als CPU zu verwenden, welche eine schier unendliche Rechengeschwindigkeit erlauben würden.

6. LITERATURVERZEICHNIS

1.   *Biologisch Abbaubare Polymere*
   1. Auflage
   Wolfram Tänzer;
   DVG Verlag - Stuttgart
   2000

2.   *CD Römpp*
   9., erweiterte und überarbeitete Auflage des Römpp Chemie Lexikons
   auf CD-ROM Version 1.0
   Jürgen Falbe, Manfred Regitz
   Georg Thieme Verlag; Stuttgart, New York
   1995

3.   *Organische Chemie*
   3. Auflage
   K.P.C. Vollhardt, N.E. Schore,
   Wiley-VCH Verlag - Weinheim, Deutschland
   2000

4.   *Gewinnung von Stärke aus Kartoffeln*
   http://dc2.uni-bielefeld.de/dc2/nachwroh/nrv_01.htm
   Dagmar Wiechoczek
   15.11.2001

5.   *Plastik und Computerchips*
   http://www.i-s-b.org/broschuere/plastik.htm
   Informationsekretariat Biotechnologie www.i-s-b.org
   28.10.2000

6.   *Kunststofftaschenbuch Sächtling*
   27. Ausgabe,
   Dr. Ing. Karl Oberbach
   Carl Hanser Verlag; München, Wien
   1995

7.   *The Macrogalleria*
   http://www.psrc.usm.edu/macrog/index.htm
   MRG Development

7. ABBILDUNGS UND FOLIENVERZEICHNIS

Abbildung	Literatur	Referat-Seite
1	1	4
2	1	6
3	1	7
4	1	8
5	2	10
6	1	10
7	3	10
8	1	11
9	2	12
10	1	12
11	1	13
12	3	14
13	2	14
14	1	14
15	1	15
16	1	15
17	1	16
18	2	16
19	1	18
20	2	19
21	1	19
22	2	20
23	1	20
24	4	20
25	1	21
26	1	21
27	1	22
28	1	22
29	1	23
30	1	23
31	1	23
32	1	24
33	1	24

8. DANKSAGUNG

The Macrogaleria - team für die umfangsreichste und leicht zu lernende Polymerwebseite: http://www.psrc.usm.edu/macrog/index.htm

DIGICARD und Kunz GmbH - für die finanzielle Unterstützung bei diesem Referat im Rahmen der Diplomarbeit

Zur Morgenröte - Chinarestaurant für die freundlich Bedienung

Midwest Grain Prod. – Für die Synthese von Probemixturen und für die Herstellung des Basismaterials Polytriticum für die Diplomarbeit

University of Minnesota – Für die Partnerschaftsforschung und Informationsbeschaffung zum Thema.

Familie und Freunde – für das Verständnis und die Mithilfe